CAUSES

DE LA CRISE INDUSTRIELLE

ET

MOYENS D'Y PORTER REMÈDE,

Par P.-F. ORTICONI.

PARIS (1849).

Imprimerie de Cosson, rue du Four-Saint-Germain, 47.

CAUSES

DE LA CRISE INDUSTRIELLE

ET

MOYENS D'Y PORTER REMÈDE.

Avant 1789 la France était redevenue agricole.

La République la fit guerrière.

Napoléon, tout en développant au plus haut degré son esprit militaire, la rendit industrielle.

La Restauration donna une extension plus grande au travail manufacturier.

Sous Louis-Philippe, les entreprises industrielles prirent un développement tel que chacun, sans se rendre compte des motifs, prévoyait une catastrophe.

En détruisant le crédit, en amenant le retrait de l'argent monnayé en circulation, la révolution de février a donné à cette catastrophe les proportions d'une ruine nationale.

L'inquiétude est devenue générale et profonde.

De cette inquiétude sont nées des opinions divergentes tout-à-fait erronnées sur la crise actuelle.

Il ne nous sera pas difficile de prouver que la situation des choses tient à des causes plutôt financières que politiques.

Pour les hommes réfléchis, la confiance est la compagne inséparable de l'ordre. L'ordre est une conséquence absolue du bien-être qui lui-même ne peut exister sans le travail. Ainsi le travail est la base invariable de l'ordre.

En même temps le travail est toute la richesse d'une nation. Rien de ce qui sert aux besoins de toute nature des hommes n'existerait sans le travail.

La terre et ses produits sont les matières sur lesquelles s'exerce plus particulièrement le travail.

Les citoyens qui se vouent à la culture des champs et ceux qui approprient les produits du sol aux fantaisies des consommateurs sont les *créateurs* de la fortune publique.

Toute production implique une consommation.

La production et la consommation sont les deux termes de cette fortune. Le degré d'élévation et d'abaissement de ces deux termes est comme le thermomètre de l'aisancee et de la force d'un peuple, de son état de gêne et de faiblesse.

Le commerce sert d'intermédiaire à ces deux termes. Il fonctionne comme une pompe aspirante et refoulante puisant chez les consommateurs l'argent qu'il verse aux mains des producteurs.

L'échange en nature des marchandises entre elles étant impraticable dans une société civilisée, l'argent est devenu le signe commun divisible, le type évaluateur des matières sujettes à transaction. Tous les marchés se soldant en argent, l'argent, pour demeurer au niveau de son rôle, devrait donc toujours exister, pour la quantité, dans une certaine proportion avec la masse générale des achats et des ventes.

D'après les calculs les plus élevés, la France possède un capital monnayé d'environ trois milliards.

En portant à trente-cinq millions d'habitants la population de la France, ces trois milliards donnent, par an, moins de 86 francs à chaque individu : somme modique, à peine suffisante aux dépenses journalières de l'entretien. Et cependant, avec ce capital, la France doit encore :

1° Faire face à ses opérations industrielles et commerciales qui atteignent un chiffre de 24 milliards, suivant des statistiques ;

2° Verser en moyenne, tant dans les caisses des villes que dans celles du trésor, en octrois et impôts de toute espèce, près de deux milliards ;

3° Servir l'intérêt des dettes hypothécaires qui grèvent si lourdement sa richesse territoriale.

Évidemment ce capital est trop minime pour subvenir à toutes ces charges.

Cette insuffisance n'échappa point à la sagacité de Napoléon. Il comprit que le défaut de numéraire arrêterait infailliblement l'essor de l'industrie et du commerce qu'il venait de créer sur une vaste échelle. Napoléon organisa la Banque de France sur ses bases actuelles.

La Banque de France fut une institution de crédit, c'est-à-dire d'action fictive. Elle eut le privilége d'ajouter à son capital métallique deux tiers de billets, c'ést-à-dire de papier monnaie.

La création d'une semblable institution fut grande. A une époque aussi rapprochée de la déconsidération des assignats, l'émission de ces billets au porteur fut audacieuse.

La Banque de France réussit parce qu'elle répondait à un besoin impérieux du moment.

Malheureusement les statuts de ce vaste établissement de crédit furent entachés d'un vice organique.

Créée en vue de favoriser l'industrie et le commerce en abaissant à leur profit exclusif l'intérêt de l'argent, la Banque de France n'eut pas la liberté de prendre des billets à deux signatures, c'est-à-dire des billets revêtus des signatures seulement du marchand et du producteur directement et principalement intéressés à se procurer de l'argent à bas prix. Une troisième signature fut rigoureusement exigée.

Cette condition forcée d'une troisième signature donna naissance aux escompteurs, intermédiaires auparavant presque inconnus, dont les bénéfices tombèrent à la charge de ceux qui recouraient à leur ministère.

La critique n'a plus rien à ajouter à ce qui a été dit touchant les agents du crédit. Leur action n'a eu d'autre effet que d'élever le prix de l'argent. Qu'il nous soit permis de faire remarquer que la Banque de France n'a été, en définitive, que la caissière des escompteurs, sans profit suffisant pour l'industrie et le commerce qu'elle avait mission d'aider et de protéger. Tant il est vrai que, dans la pratique, une institution n'atteint pas toujours le but qu'elle se propose dans la théorie !

Il serait pareillement inutile de déterminer avec soin la part d'influence que tous les agents commerciaux ont eu sur la crise actuelle. Ces questions ont été traitées. Nous nous bornerons seulement à bien caractériser l'action des commissionnaires.

De tous les intermédiaires commerciaux les commissionnaires sont en effet les plus onéreux à l'industrie.

Les commissionnaires ont un caractère mixte, participant à la fois de l'escompteur et du marchand; ayant un pied dans la petite banque, un pied dans le haut commerce.

Les commissionnaires sont plus particulièrement en rapport d'affaires avec les fabricants sans clientèle, ou dont la clientèle n'absorbe pas tous les produits.

Les commissionnaires vendent pour compte, et, sur les marchandises reçues pour la vente, ils font de petites avances, extrêmement agréables aux fabricants, presque toujours à court d'argent. Au moyen de ces avances, les commissionnaires donnent à leur entremise une utilité qui prend les allures du patronage. Le fabricant, débiteur du commissionnaire en géneral, à qui il est impossible de voir au delà des limites de son établissement, ne pouvant d'ailleurs se mettre en relation directe avec ses acheteurs, est obligé de s'en rapporter, n'ayant à sa disposition aucun moyen de contrôle, à la loyauté de son commissionnaire.

Combien de commissionnaires ont profité de la

position d'isolement et de la confiante ignorance des fabricants :

1° Pour déclarer un prix de vente inférieur à celui effectivement obtenu, gardant pour eux la différence ;

2° Pour employer dans leurs opérations le produit des ventes pendant plusieurs semaines au lieu de l'expédier à leurs commettants dans la détresse ;

3° Pour prélever *un dû croire* alors que la marchandise avait été payée au comptant.

A tous ces bonis considérables, les commissionnaires ne manquent jamais d'ajouter les frais faits chez eux par la marchandise. Et l'on peut s'en rapporter aux commissionnaires pour dresser des comptes de frais !

Assurément il y a d'honorables et nombreuses exceptions dans la manière de travailler des commissionnaires ; mais aussi beaucoup d'entre eux soumettent impitoyablement à ce régime destructeur la petite fabrication et la fabrication gênée, clientèle soumise, et toujours assurée à qui veut ou peut lui avancer de l'argent sur sa marchandise.

La cherté de l'argent d'une part, et la mauvaise action commerciale d'autre part, ont porté à l'économie sociale tout entière les atteintes les plus mortelles.

Il s'en est est suivi que :

Le manufacturier, fabricant à des conditions plus lourdes, *a vendu à des prix élevés; ce qui a fermé l'écoulement de ses produits à l'étranger.*

Le marchand, à son tour, a dû enchérir sur le manufacturier, ce qui *a diminué la consommation intérieure.*

Le petit rentier est devenu malheureux.

Le riche malaisé.

L'employé n'a plus trouvé à vivre avec ses appointements.

Les ouvriers, afin de se faire donner des salaires assez forts pour se substanter, ont fait grève; *ce qui a souvent jeté la perturbation et l'alarme au sein de la société.*

Cette élévation factice des prix de toutes choses a été d'autant plus fâcheuse qu'elle a marché de pair avec l'accroissement du budget sur lequel elle a exercé une influence manifeste.

Si les marchandises ont paru baisser de prix c'est que les manufacturiers se sont appliqués, pour la plupart, à fabriquer *des matières de qualité infé-*

rieure, — nouveau mal qui est tombé de tout son poids sur les *consommateurs pauvres*.

Néanmoins si un équilibre raisonnable avait pu être maintenu entre la production et la consommation, la richesse publique se serait trouvée à l'abri, sinon de toute crise, au moins de la catastrophe sous laquelle elle succombe. Mais il n'est pas donné à la nature humaine de se contenir dans de salutaires limites. — Il y eut disproportion entre les deux termes de la fortune publique.

Il n'en pouvait être autrement.

Un désir de bien-être et même de luxe s'était emparé de tous les esprits. Comment se procurer ces jouissances que donne la richesse, alors que les revenus de la fortune privée sont impuissants à les fournir? La spéculation avait créé tout-à-coup, à certains individus, des positions brillantes. La spéculation fut donc considérée comme un moyen infaillible de satisfaire ces besoins raffinés et délicats que la vanité avait su mettre à la mode. Dans tous les cas la spéculation aidait à vivre. Les uns pour amasser de l'argent, source de toutes les jouissances, les autres pour vivre, se jetèrent, tête baissée, dans le tourbillon des affaires. A Paris, notamment, il y a peu de personnes qui soient restées complètement étrangères à cet entraînement.

Né du malaise général, ce mouvement donna, à

Paris surtout, une animation factice vraiment féerique.

Chacun sortit de sa voie.

L'ouvrier travailla pour son compte.

Les marchands se multiplièrent à l'infini.

Les inventeurs pullulèrent.

Les uns formèrent des entreprises, les autres s'y intéressèrent.

Il y eut en quelque sorte plus de producteurs en tous genres et de marchands que de consommateurs.

L'encombrement s'en suivit.

De cet *encombrement* est née la *concurrence* qui a porté à l'industrie le dernier coup.

C'était à qui vendrait davantage, même à perte.

Dès quelles ont acquis un certain degré d'activité, les transactions commerciales ne comportent pas de lenteurs, — elles se font de confiance, c'est-à-dire légèrement et sur les apparences.

Lorsque le fabricant voyait entrer chez lui un acheteur, que cet acheteur était établi, il ne s'enquérait pas de sa solvabilité, c'eût été trop long et aussi très difficile à constater, — il recevait son règlement à six mois.

Dans le but d'activer la vente, nombre de marchands lançaient des nuées de commis pour faire le placement de leurs articles ; — ces commis, travaillant à la commission, partant intéressés à beaucoup vendre, sollicitaient inconsidérément des ordres de tous côtés, et afin de faciliter les acheteurs, faisaient accepter à leurs patrons des effets à trois mois.

Les billets devinrent à la mode.

De là cette circulation prodigieuse, sans valeur réelle, qui effrayait tous les bons esprits avant le 24 février.

Faut-il s'étonner que tout cet échafaudage du monde commercial posé, pour ainsi dire, sur la pointe d'une aiguille en équilibre, se soit écroulé si lourdement au premier cri de : Vive la République ?

On vantait avant la catastrophe les bienfaits de la spéculation. Chacun spéculait plus ou moins. Dès que le mal se fut révélé dans son immensité, il s'est opéré un revirement soudain d'opinion. On préconisa l'agriculture jusqu'alors dédaignée et laissée dans l'oubli; il fallait mettre instantanément la bêche et la charrue dans ces mains naguère habituées à ouvrer des matières légères et précieuses.

Ce langage témoigne d'une grande légèreté; en outre, il fait abstraction des impossibilités qu'il y a toujours à modifier d'emblée les moyens d'existence d'une masse d'individus. De semblables métamorphoses veulent du temps, et les ouvriers qui chôment ont besoin d'une occupation lucrative, immédiate, qui les fasse vivre. Il s'agit donc aujourd'hui, non pas de former des projets d'une réalisation lente, mais de courir au plus pressé et de donner, sans retard, du pain à des millions d'ouvriers exténués par la misère.

Et puis la France a un grand intérêt politique à demeurer industrielle. Comment jouerait-elle, dans le monde, un rôle au niveau de son rang, si elle n'est à la fois puissante et sur terre et sur mer. L'industrie ne travaille pas seulement pour les besoins de la consommation intérieure, elle produit aussi pour l'étranger. Plus l'industrie exportera de marchandises, plus la marine marchande prendra d'extension, et plus l'État aura de matelots pour monter ses flottes.

Aussi bien l'industrie est loin d'avoir acquis encore ce degré de prospérité auquel elle a droit de prétendre eu égard au goût et à l'habileté de nos fabricants. Jusqu'à ce jour nous avons assisté en quelque sorte aux essais de l'industrie; à proprement parler, nous n'en connaissons pas encore les fruits. Qu'un découragement irréfléchi ne nous fasse donc pas abandonner l'industrie. Elle souffre, elle languit, cela n'est pas contestable. Mais enfin cette prostration n'est pas le signe précurseur de la mort. A une certaine époque de l'enfance, la maladie accélère les développements de la nature. L'industrie touche à cette crise. Avec des soins rationnels appropriés à sa situation, cette crise, qui présente des caractères si alarmants, donnera à l'industrie une puissance dont profitera la nation tout entière.

Jusqu'à présent l'industrie a marché à tâtons, sans guide qui l'éclairât dans la route, sans appui qui la soutînt, sans moyens pécuniaires qui lui permissent de réparer et développer ses forces.

Trouver pour l'industrie un système qui réalise, à son profit, ces avantages divers, tout en favorisant, non-seulement les consommateurs indigènes et étrangers, mais encore les intérêts commerciaux et maritimes :

Tel est le problème à résoudre.

A notre avis, il est impossible de donner à ce problème une solution meilleure, plus complète, qu'en créant un vaste établissement financier, faisant des avances sur consignations de marchandises ouvrées en France et sur consignations de *produits exotiques bruts exclusivement importés en France sous pavillon français.* Toutes matières premières transportées dans nos ports *pour compte de négociants français, par navires étrangers, seraient refusées à l'entrepôt.* Des avances, au contraire, seraient faites sur consignation de marchandises *importées en France, pour compte d'étrangers, sous pavillon français.*

Cet établissement, dont le siége principal serait à Paris, aurait un entrepôt dans chaque centre de production et de consommation dans les départements.

L'administration de ces entrepôts serait confiée à des directeurs dont un cautionnement garantirait la gestion.

Tous les mois chaque directeur dresserait :

1° Un état des marchandises brutes ou manufacturées, exprimant leur qualité, leur quantité et le prix offert et demandé ;

2° Un état des marchandises vendues pendant le mois écoulé et le prix de vente de chacune de ces marchandises ;

3° Un état des demandes faites.

Des inspecteurs, constamment en tournée, examineraient si la situation des entrepôts est conforme aux états fournis.

Par les soins du directeur central, ces états mensuels partiels seraient convertis en tableaux généraux et adressés à tous les directeurs particuliers, qui les tiendraient constamment à la disposition des intéressés.

Une marchandise, consignée à un entrepôt, serait dirigée, sur la demande de son propriétaire, et à ses frais, sur un autre entrepôt où elle aurait chance d'être mieux ou plus promptement vendue.

La marchandise vendue ne sortirait de l'entrepôt qu'après acquittement des avances faites à la marchandise et des frais de magasinage et d'entretien. Pour le surplus du prix de la valeur de la marchandise, il pourrait être fait crédit à l'acquéreur si, après les renseignements fournis par le directeur, le vendeur donnait son agrément.

Un tableau, arrêté par le conseil supérieur de l'industrie, dont le directeur central prendrait l'avis dans toutes les circonstances graves, déterminerait, chaque année, le chiffre des avances à faire sur les articles présentés à la consignation. Ces avances seraient calculées sur la valeur intrinsèque des marchandises et leur plus ou moins de susceptibilité à se détériorer.

L'intérêt perçu par les entrepôts serait fixé à 3 pour 100 l'an, indépendamment des frais de magasinage et d'entretien.

Afin de prévenir les funestes effets de la spéculation, qui pourrait prendre comme moyen d'action une surcharge extraordinaire dans un entrepôt, lorsque la marchandise offerte en consignation ne sera pas présentée à l'entrepôt de la circonscription d'où elle provient, le directeur, de l'avis du conseil d'industrie local, sera en droit de la refuser.

Pour être complet, ce système exigerait que des entrepôts pareils fussent établis, pour les marchandises exclusivement ouvrées en France, sur un grand nombre de places étrangères. Ces marchandises obtiendraient des avances absolument comme les marchandises à l'intérieur.

Les directeurs des entrepôts à l'étranger seraient tenus aux mêmes obligations que leurs collègues en France. Ils dresseraient pareillement des états de situation chaque mois et les expédieraient au directeur central, qui les fondrait dans ses tableaux mensuels.

Ce n'est pas seulement à faire des avances à l'industrie que ces entrepôts devraient se borner : il serait indispensable qu'ils pussent recevoir, en consignation, certaines denrées agricoles indigènes.

Car enfin l'agriculture rencontre, dans sa marche, les mêmes obstacles que l'industrie. Il importe donc essentiellement, à la prospérité du pays, que le cultivateur ait à sa disposition des ressources qu'il se procure aujourd'hui avec difficulté et à un intérêt exorbitant.

Cinq cents millions suffiront à décider la reprise immédiate des travaux de l'industrie sur une échelle assez vaste pour occuper la majeure partie des bras désœuvrés.

Ce capital serait divisé en :

Cent millions, numéraire effectif,

Et quatre cents millions de billets de coupures diverses.

Ces billets devraient être reçus, sur toute la surface du territoire, dans les caisses de l'État.

Si ces cinq cents millions venaient à ne pas suffire aux besoins généraux de l'industrie, du commerce et de l'agriculture, il serait facile de trouver un moyen qui permît de faire face à toutes les exigences de ce triple service, sans inonder le pays d'un papier, bon sans doute, mais dont la quantité serait de nature à effrayer.

On n'attend pas de nous assurément que nous

dressions en détail les statuts de l'établissement dont nous sollicitons la création. Certains anatomistes, avec quelques ossements, réédifient un corps en son entier. Puisse notre travail, tout imparfait qu'il est, renfermer cet élément de réorganisation.

Ici vient se placer naturellement la question de savoir à qui doit être confiée la direction de ces entrepôts. Est-ce à une administration nouvelle indépendante? serait-il préférable de l'annexer, en modifiant son organisation actuelle, à la caisse des dépôts et consignations, dont les ressources en numéraire sont déjà si considérables? ou vaudrait-il mieux attribuer ce nouveau privilége à la Banque de France dont les statuts seraient appropriés à ces nouvelles opérations? Ce point est assurément très essentiel, et cependant, dans l'espèce, il ne nous paraît qu'accessoire; c'est pourquoi nous en ajournons la discussion. Aussi bien de semblables matières comportent de longs développements, et nous avons voulu seulement nous borner à analyser, en quelques lignes, les vices de l'organisation actuelle du crédit, de l'industrie et du commerce, et à indiquer, plus brièvement encore, un autre régime qui, sans s'éloigner beaucoup de ce qui s'est pratiqué, serait cependant meilleur. Car, à notre avis, le progrès n'est pas le renversement absolu de ce qui existe, c'est l'avancement dans le mieux. En société, rien ne se fait d'une seule pièce, tout marche par transition.

Toutefois nous croyons devoir signaler les avantages généraux qui découleraient de l'adoption du système que nous venons d'esquisser.

D'abord ces entrepôts placeraient l'industrie sur une base inébranlable que le crédit aléatoire n'a pu lui assurer et qui, reposant sur la marchandise elle-même, c'est-à-dire *sur des ressources existantes déjà*, fourniraient au fabricant un moyen d'*accroissement continuel*, dans une proportion équivalente à ses forces financières.

Ensuite ces entrepôts seraient pour le producteur :

Une *sauvegarde*, puisque ses intérêts ne seraient plus à la merci des commissionnaires dont l'entremise deviendrait inutile désormais.

Un *régulateur*, puisque connaissant en France et sur diverses places étrangères la situation exacte des produits de son industrie par qualité, quantité et prix, il ralentirait ou activerait en conséquence sa fabrication.

Un *marché* enfin sans cesse ouvert, où les marchands indigènes et les négociants étrangers puiseraient avec la certitude de n'être plus trompés ni sur la qualité ni sur la quantité.

Ces entrepôts seraient non moins favorables aux détaillants.

Désormais, la confiance aurait une moins large part dans les transactions commerciales. Bonne renommée vaudrait toujours ceinture dorée, mais pas mieux. Il ne suffira plus d'avoir ouvert une boutique pour jouir des bénéfices du crédit, il faudra s'en être rendu digne. Aussi le commerce ne tarderait-t-il pas à être à jamais débarrassé de ces individus, honte de leur profession, fléau de l'industrie, qui vendaient au-dessous du cours, parce qu'ils se souciaient peu de payer en dividendes, quand ils offraient même des dividendes à leurs créanciers mystifiés.

De plus, le commerce serait à l'abri de ces alarmes que l'agiotage fait constamment planer sur lui. La marchandise, affranchie de toutes soudaines variations, ne passant plus par tant de mains avides et inutiles, se présenterait à la consommation à un prix calculé sur les bénéfices que légitimement elle doit offrir.

L'amour du gain de quelques marchands se modifierait forcément devant la concurrence, non pas cette concurrence déloyale, ruineuse; mais bien cette concurrence mieux dénommée émulation, stimulant basé sur l'intérêt, et par conséquent indispensable pour niveler les prix en les ramenant à d'équitables proportions.

Pouvant acheter des marchandises presque au fur et mesure de leurs besoins, les débitants non-seulement auraient à subir moins de pertes par détérioration, mais encore moins d'argent leur serait nécessaire pour faire marcher leur établissement.

Moralement et pécuniairement, les marchands gagneraient donc à ce nouvel ordre de choses.

Mais quelle bienfaisante influence n'exercerait pas cette constitution industrielle et commerciale sur la consommation intérieure? D'abord elle entraînerait immédiatement la réduction des prix de tous les objets d'entretien et d'alimentation. La production augmenterait d'autant. Les ouvriers auraient de l'ouvrage. La tranquillité renaîtrait de cette reprise de travail.

Si nous l'envisageons au point de vue de nos relations avec l'étranger, ce système donnera des avantages plus grands encore. A quelques exceptions près, l'industrie confectionnait mal et cher : le commerce travaillait d'une façon qui n'était pas toujours irréprochable. Nous ne pouvions manquer de subir à l'extérieur le contre-coup de cet état fâcheux des choses. La stagnation de nos affaires maritimes dut s'en suivre. Faute d'avoir recherché les vraies causes du mal, le remède employé par les gouvernements antérieurs n'a été qu'un palliatif ruineux. C'est à relever notre marine marchande, que ce système d'entrepôts doit arriver infailliblement. En admettant au bénéfice des avances les produits exotiques non manufacturés, expédiés même par des négociants étrangers, pourvu qu'ils les aient fait transporter dans nos entrepôts sous pavillon français, nous aurons procuré à notre marine, par ce seul encouragement qui ne coûtera rien, une ressource immense qui lui donnerait bientôt un développement auquel n'ont su la faire parvenir les primes si libéralement payées par le trésor. D'un autre côté, la prospérité nationale grandira en raison des marchandises brutes ainsi apportées. Notre marine aura gagné à transporter ces matières premières. Elle gagnera encore à les exporter manufacturées. Et puis nos manufacturiers, la quantité faisant baisser les prix, achèteront meilleur marché. Par là, ils seront plus facilement en position de triompher de leurs rivaux à l'étranger.

Comme on le voit, tout tournerait au profit de l'intérêt national, surtout si la fabrication devenait bonne et à prix moins élevé, si le commerce était mis dans l'impossibilité de tromper. Double condition indispensable pour restituer à notre considération, à l'extérieur, ce lustre que nous avons un peu contribué à ternir, et pour offrir à notre activité intérieure cet aliment que les circonstances actuelles font impérieusement désirer.

La bonté de la fabrication, et la probité dans les

transactions commerciales impliquent une certaine surveillance de la part du gouvernement. Les économistes, si peu d'accord sur les doctrines de leur science, sont unanimes à préconiser la maxime du *laissez faire, laissez passer.* C'est assurément à ce principe que l'industrie a dû de jouir de cette liberté pleine et entière dont elle a été la victime. Si les économistes avaient dit : *Laissez* BIEN *faire*, nous aurions laissé passer avec respect leur axiome. L'industrie bien faite, en effet, est une source inépuisable et abondante de prospérité indigène, un élément de puissante influence au dehors. Mal faite, au contraire, l'industrie est une cause de dépérissement à l'intérieur, de déconsidération et d'amoindrissement à l'extérieur. La liberté finit là où commence le mal; non-seulement le mal pour autrui, mais encore le mal pour soi. La société n'admet qu'une liberté relative. A quel titre les économistes voudraient-ils gratifier d'une liberté illimitée l'industrie dont le mobile est l'intérêt, conseiller si pernicieux en général? Est-elle si loyale? Partout elle est déconsidérée. Est-elle si clairvoyante? Elle agit en aveugle. Est-elle si robuste? Elle n'a marché qu'en trébuchant. Et le gouvernement, en présence d'une industrie si mal faite, demeurerait inactif et insouciant! Déjà il fixe le prix des voitures de place à Paris; bi-mensuellement il taxe le pain; il poinçonne les articles d'or et d'argent, et il hésiterait à exercer une surveillance générale sur toutes les affaires de l'industrie! et cela pour demeurer fidèle à un principe faux et dangereux! Si déjà le gouvernement est intervenu, à la satisfaction de tous, dans certains cas particuliers, pourquoi ne transformerait-il pas en règle ce qui jusqu'à ce jour n'a été qu'une exception? Nous ne disons pas qu'il doive aller jusqu'à fixer un maximun et un minimum de prix. Son action ne doit pas être arbitraire, vexatoire, injuste, minutieuse. Le soleil en éclairant la terre laisse toujours quelques parties dans l'ombre.

N'oublions pas de faire remarquer que le Gouvernement est seul en situation de connaître, par le moyen de ses consuls, l'état du commerce dans les diverses parties du globe, et de transmettre à l'industrie les renseignemens de nature à éclairer sa fabrication; car le manufacturier a besoin non seulement de savoir dans quelle contrée il peut écouler sa marchandise, mais aussi quelle qualité obtiendra une vente plus certaine et plus prompte. Il est temps que le Gouvernement cesse de garder vis-à-vis du commerce cette attitude passive qui décourage; il lui convient de prendre un rôle actif sans lequel la spéculation privée demeure impuissante quand elle n'est pas ruineuse.

Le Gouvernement entretient aujourd'hui à grands frais des consuls dans toutes les parties du monde.

Nous n'ignorons pas qu'on leur a donné des instructions admirables; mais nous savons aussi que ces instructions sont encore à l'état de lettre morte. Nos consuls n'en continuent pas moins à vivre sans s'occuper de nos intérêts commerciaux. Comment en serait-il autrement? Le personnel consulaire n'est pas composé en vue de sa mission. Cette carrière est ouverte à de jeunes licenciés en droit ou, tranchons le mot, à des *satisfaits*, les légistes et les hommes politiques sont préférés aux personnes ayant reçu une forte éducation commerciale, et cependant les négociants sont les plus aptes à chercher et trouver, chacun dans la zone de sa résidence, les moyens propres à augmenter l'écoulement des produits de la mère-patrie? Alléguera-t-on, par hasard, qu'une considération plus grande s'attache au caractère d'un agent qui s'abstient du négoce? erreur capitale. Les consuls anglais sont presque tous négociants, et le prestige dont ils sont environnés n'est pas amoindri parce qu'ils s'occupent de commerce; loin de là, la position officielle qu'ils ont leur donne plus de crédit, ils jouissent même d'une faveur plus grande. Que notre gouvernement, mieux inspiré, s'empresse donc de faire sortir les consuls de cette inaction si préjudiciable aux intérêts nationaux. On permet bien aux receveurs généraux de faire la banque, pourquoi interdire aux consuls de se livrer au commerce ?

C'est la gloire et l'honneur du gouvernement anglais d'avoir appliqué sa politique au développement de son industrie, seule base de sa puissance. Cet exemple est digne d'imitation. Depuis la chute de l'Empire, nous avons eu la politique des discours. Ne serait-il pas temps d'entrer dans la politique des intérêts nationaux? Elle n'implique pas absolument l'intronisation de l'égoïsme.

Bien réglementée, suffisamment alimentée d'argent, vigoureusement protégée au dehors, bien éclairée dans sa marche, l'industrie acquerra bientôt ce degré de puissance qui assurera le bien-être de la nation sur des bases indestructibles.

De l'idée générale de ces entrepôts doit forcément sortir une constitution industrielle capable de garantir :

1° Aux rapports de tous les intéressés dans le travail industriel et commercial, entre nationaux et étrangers, une moralité, gage positif de confiance;

2° Au fabricant une base solide pour alimenter ses travaux;

3° Au commerçant une chance de profits sûrs et légitimes;

4° Au consommateur riche et pauvre, pauvre surtout, des avantages réels ;

5° A la marine marchande un développement que chacun doit ardemment désirer, afin que la France s'élève et se maintienne au rang qu'elle a droit d'occuper dans le monde.

6° A l'agriculture des ressources d'autant plus précieuses dans le moment actuel qu'elle est dans une détresse absolue.

Quel motif légitime retarderait donc l'application de cette grande mesure ?

Rester fidèle aux vieilles traditions, badigeonner, replâtrer, serait peine et temps perdus. Pour conserver, il faut savoir être réformateur à propos. Nous touchons au moment où, dans l'ordre naturel des choses, les travaux doivent reprendre de l'activité. La situation dans laquelle nous sommes est mortelle. Non-seulement le peuple souffre, faute de travail; mais l'industrie elle-même est atteinte parce que *le peuple désapprend chaque jour davantage à travailler.* Sous ce double point de vue, il est du devoir du gouvernement de sortir la nation de l'impasse où elle se trouve comme acculée. Sans doute l'argent reparaît à la Bourse! mais la reprise du jeu n'est pas la reprise des affaires sérieuses.

Pour se relever d'une position anormale, il faut des procédés énergiques. A notre avis, il n'y a pas de meilleur parti à prendre pour ramener la tranquillité publique que de l'imposer par le travail; pas de moyen plus efficace pour faire rentrer l'argent dans la circulation que de montrer qu'on peut s'en passer.

www.ingramcontent.com/pod-product-compliance
Ingram Content Group UK Ltd.
Pitfield, Milton Keynes, MK11 3LW, UK
UKHW020524230726
13925UKWH00005B/2231